1985年	ISASがハレー彗星探査機「さきがけ」「すいせい」を打ち上げ（日本初の人工惑星）
1986年	スペースシャトル、チャレンジャー号（アメリカ）が空中分解事故を起こし、7人の宇宙飛行士が死亡
1988年	イスラエル初の人工衛星オフェク1号を打ち上げ
1990年	ISASが「ひてん」打ち上げ。日本初の月でのスイングバイに成功
	アメリカがハッブル宇宙望遠鏡を打ち上げ
	秋山豊寛が日本人宇宙飛行士としてはじめて宇宙飛行
1992年	毛利衛が日本人としてはじめてスペースシャトルに搭乗
1994年	NASDAが純国産ロケット「H-Ⅱ」1号機を打ち上げ
	向井千秋が日本人女性として初の宇宙飛行
1997年	世界初の火星探査車マーズ・パス・ファインダー（アメリカ）が火星に着陸
1998年	アメリカ、ロシア、日本、カナダ、ESAの共同で、国際宇宙ステーション（ISS）の建設が開始
2001年	NEAR（アメリカ）が小惑星エロスに着陸。世界ではじめて小惑星への着陸に成功
2003年	スペースシャトル、コロンビア号（アメリカ）が空中分解事故を起こし、7人の宇宙飛行士が死亡
	ESA初の惑星探査機、火星探査機マーズ・エクスプレスを打ち上げ
	ISAS、NAL、NASDAが統合され、宇宙航空研究開発機構（JAXA）が設立
	神舟5号（中国）を打ち上げ。ソ連、アメリカに次ぐ3番目の有人宇宙飛行を達成
2004年	スペースシップワン（アメリカ）が、民間宇宙船として初の弾道宇宙飛行
2005年	カッシーニ（ESA）から投下されたホイヘンス・プローブが土星の衛星タイタンに着陸（月以外の衛星に世界初の着陸）
2009年	イラン初の人工衛星オミードを打ち上げ
	日本がISS補給船「こうのとり」1号機を打ち上げ
2010年	2005年打ち上げの日本の小惑星探査機「はやぶさ」が地球に帰還。世界ではじめて小惑星の試料のサンプルリターンに成功
	日本の金星探査機「あかつき」が金星周回軌道投入に失敗
2011年	国際宇宙ステーション（ISS）が完成
2012年	ボイジャー1号（アメリカ）が世界ではじめて太陽圏を脱出
2013年	韓国初の人工衛星STSAT-2Cを打ち上げ
2014年	若田光一が日本人としてはじめてISSの船長に就任
2015年	日本の金星探査機「あかつき」が金星周回軌道に到達。世界初の惑星気象衛星
2016年	日本のX線天文衛星「ひとみ」が宇宙空間で分解事故を起こす
2019年	2014年打ち上げの日本の小惑星探査機「はやぶさ2」が小惑星リュウグウのタッチダウンに成功
	MOMO3号機（インターステラテクノロジズ社）が日本の民間ロケットではじめて宇宙空間に到達
	嫦娥5号（中国）が世界ではじめて月の裏側に着陸
2020年	「はやぶさ2」が地球に帰還。小惑星リュウグウのサンプルリターンに成功
2021年	太陽探査機パーカー・ソーラー・プローブ（アメリカ）が世界ではじめて太陽コロナに突入成功
	アメリカが中心となり、ジェイムズ・ウェッブ宇宙望遠鏡を打ち上げ
2024年	小型月着陸実証機SLIM（日本）が日本初の月面着陸に成功
	嫦娥6号（中国）が、世界ではじめて月の裏からのサンプルリターンに成功
	日本がH3ロケットの運用を開始する

はじめに

みなさんはこの本をひらいて、宇宙のしくみや成り立ちと、それらを調べる観測衛星や宇宙探査機のことを知るようになるでしょう。日本では1970年から観測衛星、宇宙探査機をすでに二十数機打ち上げ、その中には失敗したもの、役目を終えたものもありますが、すべてわれわれの宇宙が今どうなっているかを調べる目的で打ち上げられてきました。宇宙空間に出れば、それだけくっきりと宇宙に対する目がひらかれるからです。

宇宙に出て行った観測衛星、宇宙探査機によってわかってきたのは、われわれの住んでいる地球は、決して宇宙の中で特別な存在ではないということです。地球は太陽の周囲をまわっていますが、地球のほかにも7つの惑星が「太陽系」を構成しています。太陽のように自ら光りかがやく星を恒星といいますが、2000億〜4000億の恒星が集まって「銀河系」をつくっています。宇宙にはそれだけたくさんの世界が存在して

いて、決してわれわれの太陽系が特別なわけではありません。さらには銀河系のような星の集団が集まって、「局所銀河団」をつくっています。宇宙にはこのような銀河のグループが数えきれないほど存在し、われわれの銀河系が特別なものというわけではないのです。

想像を絶するたくさんの世界がこの宇宙には存在しています。それらの世界の多様性と共通するものをさがし求めて、観測衛星、宇宙探査機による調査は世界中でつづけられています。この本をながめることによって、みなさんが宇宙への関心を高め、それを調査する方法を学び、この広大な宇宙の中に自分が存在しているのだという意識を持ってもらえれば、本書の目的は半ば達せられたと思います。

JAXA名誉教授
中村正人

★もくじ★

はじめに……………………………………………… 2

宇宙って何だろう…………………………………… 6

マンガ 月のウサギ、本当にいた！？……………… 8

観測衛星・宇宙探査機とは？……………………………… 10

小型月着陸実証機 SLIM……………………………………… 12

コラム 月の秘密をさぐれ！ 月探査の歴史……………… 14

X線分光撮像衛星 XRISM…………………………………… 16

木星氷衛星探査計画 ガニメデ周回衛星 JUICE………… 18

水星磁気圏探査機「みお」………………………………… 20

ジオスペース探査衛星「あらせ」………………………… 22

小惑星探査機「はやぶさ2」……………………………… 24

小型ソーラー電力セイル実証機 IKAROS ……………… 28

金星探査機「あかつき」……………… 30

太陽観測衛星「ひので」……………… 32

小型高機能科学衛星「れいめい」……………… 34

火星衛星探査計画 MMX ……………… 36

★コラム 地球以外にも生命が？ 火星探査の歩み ……………… 38

深宇宙探査技術実証機 DESTINY⁺ ……………… 40

高感度太陽紫外線分光観測衛星 SOLAR-C ……………… 42

★コラム 運用を終えた日本の探査機と観測衛星 ……………… 44

さくいん ……………… 46

宇宙の基礎知識①

宇宙って何だろう

宇宙の果ては遠すぎて、くわしいことはわかっていない。人類は少しずつ遠くの宇宙を観測することで、宇宙のはじまりや進化を明らかにしてきたんだ。

広大な宇宙を形づくる銀河、恒星、惑星

　約138億年前、宇宙は何もない状態のところに突然、誕生し、急激に膨張（インフレーション）しはじめたと考えられています。当初の宇宙は、温度が高くどろどろの「火の玉」のような状態でした（ビッグバン）。冷えるにしたがって、さまざまな元素が誕生し、物質が集まり、星（恒星）ができました。やがて、星どうしが影響をあたえ合って銀河ができ、銀河が集まって銀河団ができました。

　私たちが観測可能な宇宙の範囲内には、銀河が2兆個も存在すると考えられています。宇宙全体の大きさはわかっていませんが、138億光年＊よりはるかに大きいと考えられています。私たちの宇宙である銀河系の直径は、約10万光年あります。

　地球の空に浮かんで見える太陽は、銀河系に属する恒星です。太陽の周囲には私たちが住む地球をはじめ8つの惑星があり、太陽系というまとまりをつくっています。

＊光年：光が1年間で進む距離のこと。光の速さは秒速約30万kmで、約1光年は9兆4600億km。

■太陽系

太陽系は太陽のまわりをまわる惑星などの天体からなり、地球もこの太陽系の惑星の一つ。約46億年前に誕生した太陽系は、約2000億個の星（恒星）が円盤の形に集まった「天の川銀河」の中にある。

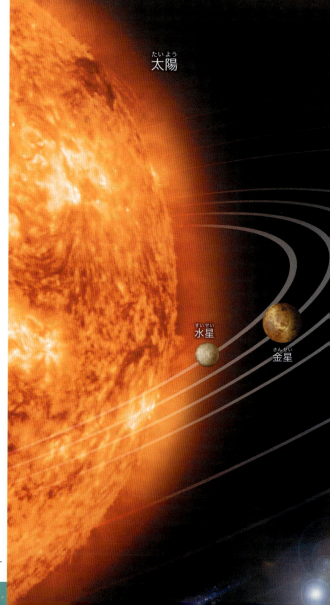

©NASA/JPL

地球から月までは約38万kmで、光の速さならわずか1.2秒で到着するよ。そんな超スピードでも何万年〜何億年もかかるっていうんだから、宇宙の広さは想像もできないね。

■銀河系

銀河系(天の川銀河)の銀河円盤の想像図。直径は約10万光年ほどで、中心には巨大なブラックホールがあると考えられている。太陽系は銀河円盤の中心から2万6000光年ほどはなれた位置にある。

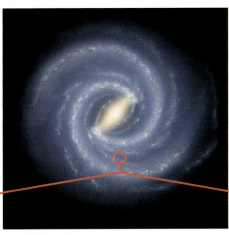

©NASA/JPL-Caltech

■銀河団

地球の上空約600kmの軌道をまわるハッブル宇宙望遠鏡が撮影した、とけい座の銀河団「ACO S 295」。ここに見えている天体のほとんどが銀河で、それぞれの銀河は数百億～数千億の星々で形づくられている。

©ESA/Hubble & NASA, F. Pacaud, D. Coe

太陽系の半径は約1.575光年(約15兆km)。すごい大きさに感じるけど、銀河系や宇宙全体から見たら、とても小さいんだね。

月のウサギ、本当にいた！？

観測衛星・宇宙探査機とは？

宇宙のさまざまな天体を観測する「目」となるのが、観測衛星や宇宙探査機です。地上ではなく宇宙から観測すると、重力の影響をほとんど受けず、地球の大気を通過できないX線などもとらえることができるので、天体の姿をより正確に見ることができます。

地球の近くから宇宙を見る観測衛星

惑星の上空をまわる天体を「衛星」といいます。月は地球の衛星です。それに対して人工衛星は、人がつくった衛星のことで、地球の上空をまわりながら、地球や宇宙を観測します。観測衛星ともよばれます。

日本初の人工衛星「おおすみ」は、1970年にL-4Sロケットで打ち上げられました。おおすみの成功は日本の宇宙探査の幕あけとなり、その後、たくさんの観測衛星が打ち上げられました。X線天文衛星「すざく」や電波天文観測衛星「はるか」などのように、地球の大気を通過できないX線や目に見えない電波なども観測することで、新しい天体の姿を解き明かしています。

日本最初の人工衛星「おおすみ」（右）と1970年の打ち上げのようす（下）。銀色の部分に観測装置や電池などが搭載された。
©JAXA

X線天文衛星「すざく」のイメージ。2005年に打ち上げられ、宇宙の高温ガスやブラックホールに流れこむ物質などの観測をおこなった。
©JAXA

電波天文観測衛星「はるか」のイメージ。直径10mほどの巨大アンテナを持つ。1997年に打ち上げられた。
©JAXA

観測衛星は地球の上空をまわりながら観測をおこなうんだ。

地球からはなれて宇宙のなぞを調べる宇宙探査機

小惑星の探査をおこなった「はやぶさ」(→27ページ)は人工衛星ではなく、宇宙探査機とよばれます。地球の上空をまわって観測をおこなう観測衛星とはことなり、地球をはなれて目的の小惑星に向かい探査をおこなったからです。宇宙探査機には火星に向かう火星探査機や金星に向かう金星探査機などもあります。

日本初の探査機は、ハレー彗星を探査した「さきがけ」(→44ページ)で、1985年に打ち上げられました。その後も宇宙のなぞを解き明かすため、さまざまな探査機を宇宙へと送りだしています。日本初の火星探査機「のぞみ」は残念ながらトラブルで目的の軌道には入れませんでしたが、その運用で得られた知識は、「はやぶさ」などの開発に生かされました。ほかにも世界をリードする日本の探査機が次々に宇宙へと旅立っています。

火星に向かう火星探査機「のぞみ」のイメージ。
©JAXA

火星探査機「のぞみ」。金色の耐熱フィルムの上に黒いカーボンの帯電防止パネルで探査機をおおって、電子やイオン測定への悪影響をふせぐ。
©JAXA

探査機は長期間旅をしながら、遠くの星に近づいて天体のなぞを解き明かすんだね。

太陽系をこえて、より遠くの宇宙（深宇宙）の探査を目的とした探査機もあるんだって！

小惑星「イトカワ」に到着する小惑星探査機「はやぶさ」のイメージ。
©JAXA

月の着陸地点をピンポイントでねらう
小型月着陸実証機 SLIM（スリム）

★基礎データ★
- 主な目標：月面へのピンポイント着陸
- 打ち上げ日：2023年9月7日
- ロケット：H-IIAロケット47号機
- 打ち上げ場所：種子島宇宙センター
- 目標到達日：2024年1月20日
- 運用終了日：2024年8月23日

月面に向かう小型月着陸実証機 SLIM のイメージ。本体の軽量化と特殊な着陸方法のため、独特な形をしている。
©JAXA

ピンポイント着陸はとてもむずかしく、成功したのは世界ではじめてのことなんだってさ。

世界初の月面ピンポイント着陸に挑戦

　これまで月や惑星に着陸する探査機は、「おりやすいところにおりる」ことしかできませんでした。SLIMの目的は、「おりたいところにおりる」技術を実証することです。着陸の精度が低く、数km～数十kmのずれが生じる場合、着陸場所がかぎられます。たとえば月の場合、月の「海」のように広く平らな場所にしか着陸できません。しかし今後おこなわれる詳細な太陽系科学探査では、ピンポイントにねらった地点における高精度の着陸技術が必要になります。
　SLIMは新しい技術を使って、目標からのずれをたった55mにまでおさえることに成功しました。日本初の月面着陸でありながら、これまでむずかしかった月の斜面へのピンポイント着陸を実現したのです。

月の起源をさぐる

　SLIMはピンポイント着陸を実現するために、主に2つの新技術が使われました。1つ目は、上空で自分の位置を正確に知る技術です。SLIMは搭載したカメラで月の表面を撮影し、事前に用意した月面地図の情報と照らし合わせることで自分の位置を把握します。もし予定よりも位置がずれていた場合、SLIMが自分で軌道を修正します。これが2つ目の新技術です。距離がはなれた地球から指示を送っていては修正が間に合いません。そのため、SLIM自身が判断し、軌道を修正したのです。

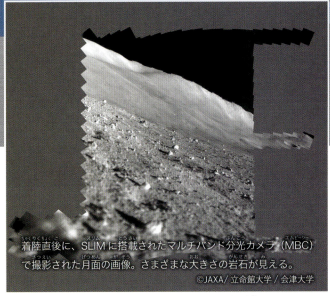

着陸直後に、SLIMに搭載されたマルチバンド分光カメラ（MBC）で撮影された月面の画像。さまざまな大きさの岩石が見える。
©JAXA/立命館大学/会津大学

　SLIMは着陸には成功したものの、着陸直前にエンジン1基が異常停止したため、姿勢がくずれ、転倒してしまいました。それでも、2機の小型探査車「LEV-1」と「LEV-2」（愛称：SORA-Q）の放出も無事成功させました。さらに月面の撮影や、岩石の成分の観測もおこない、月の起源をさぐる重要な手がかりを得ることもできました。

LEV-2が撮影した月面とSLIM。転倒したSLIMは、太陽電池を上ではなく右（西）に向けて静止してしまった。
©JAXA/タカラトミー/ソニーグループ（株）/同志社大学

2機の小型探査車は、月面を走って、写真の撮影もしたんだって。

月周回衛星「かぐや」

別名：SELENE
主な目的：月の起源と進化の解明
打ち上げ日：2007年9月14日
運用終了日：2009年6月11日

　2007年に打ち上げられ、NASA（アメリカ航空宇宙局）のアポロ計画以来最大規模となる本格的な月探査をおこなったのが、月周回衛星「かぐや」です。月の高度約100kmをまわる主衛星「かぐや」と、さらに高い軌道をまわる2機の子衛星（リレー衛星）「おきな」「おうな」が、月全体を高精度に観測しました。

　かぐや最大の成果は、月の裏側の重力マップを精密に計測したことです。また、月全体の高度を測定して、世界ではじめて月全体の正確な地形図を製作しました。さらに、25億年前まで月の裏側でもマグマの噴出活動がおこっていた証拠をとらえたことも、かぐやの大きな成果の一つです。

月の上空をまわりながら観測をするかぐやと、2機の子衛星のイメージ。
©JAXA

★コラム★
月の秘密をさぐれ！月探査の歴史

地球以外の星に人類がおり立ったのは月だけだよ。

🌙 地球にもっとも身近な天体、月探査の歴史

　月探査は、アメリカとソビエト連邦（ソ連。現在のロシア）の競争とともに発展しました。無人探査ではじめて月面に到達したのは1959年、ソ連のルナ2号でした。地球からは見えない月の裏側をはじめて撮影したのも、ソ連のルナ3号で、1966年にはルナ9号がはじめて月への着陸に成功しました。

　1969年、世界ではじめて人間が月面におり立つのに成功したのは、アメリカのアポロ11号です。船長のアームストロングは「これは一人の人間にとっては小さな一歩だが、人類にとっては大きな飛躍だ」という言葉をのこしました。アポロ計画は6回の有人月面着陸を成功させ、12人の宇宙飛行士が月面に立ちました。アポロ計画はほかにも、月の岩を採取して地球に持ち帰ったり、月面に観測装置を設置したりと数多くの重要な成果を上げました。

1969年、月面に設置した地震計の横に立つ宇宙飛行士オルドリン。写真の奥に見えるのは、アポロ11号の月面着陸船イーグル。
©NASA

★月探査の歴史★

1958年　アメリカのパイオニア0号が、初の地球周回軌道脱出をめざすが失敗
1959年　ソ連（現在のロシア）のルナ2号が月面に衝突。ルナ3号が月の裏側をはじめて撮影
1966年　ルナ9号（ソ連）が世界ではじめて月面に着陸
1969年　アポロ11号（アメリカ）が、歴史上はじめて有人月面着陸に成功
1972年　アポロ17号（アメリカ）が、2024年現在、最後の有人月面着陸をおこなう
1990年　ひてん（日本）が月周回軌道に到達
1994年　クレメンタイン（アメリカ）が月探査をおこなう
2007年　かぐや（日本）が月周回軌道に到達し、探査をおこなう
2013年　嫦娥3号（中国）が月面に着陸
2019年　嫦娥4号（中国）が歴史上はじめて月の裏側に着陸
2022年　アルテミス1号（アメリカ）が、有人月探査のための試験飛行をおこなう
2023年　チャンドラヤーン3号（インド）が月面に着陸
2024年　SLIM（日本）が日本初の月面着陸
　　　　嫦娥6号（中国）が世界ではじめて月の裏側の石を地球に持ち帰る

これまでいろいろな国のたくさんの探査機が月の調査をおこなっているんだね。

1966年に撮影された月面。
©NASA/ University of Colorado at Boulder

地球からは見ることのできない月の裏側。
©NASA/Goddard Space Flight Center/Arizona State University

日本は2024年、SLIM（→12ページ）が月面着陸に成功したんだね。

月の裏側や南極にある水をさがしだせ

　月の探査は地球や太陽系の起源を調べるためにも重要です。また、ほかの星に有人探査で向かうための準備場所としても月が注目されています。そのため、日本だけでなく、さまざまな国が月探査をおこなっています。

　中国の嫦娥3号は2013年に月面着陸に成功し、以降も中国の探査機がさまざまな成果を上げています。2023年にはインドのチャンドラヤーン3号が月の南極への着陸に成功しました。

　月の裏側や南極付近には氷があると考えられていて、飲み水や燃料の原料としての利用をめざした探索も進められています。各国は火星やほかの星の調査拠点となる「月面基地」の建設をめざしていて、今後、「宇宙強国」の立場をねらう競争がはげしくなると予想されます。月は人類にとって、ますます重要な場所になっていくでしょう。

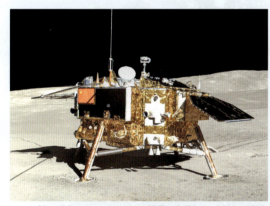
2019年、世界ではじめて月の裏側に着陸した中国の月探査機「嫦娥4号」。8つの観測機器で地形などを調査した。
©CNSA/Siyu Zhang/Kevin M. Gill

2022年、地球から約43万kmに到達したオリオン宇宙船の船外カメラが撮影した月と地球。
©NASA

宇宙の進化を解き明かす X線分光撮像衛星 XRISM（クリズム）

★基礎データ★
- 主な目標：プラズマ（宇宙空間の高温ガス）を測定し、星や銀河などの成り立ちを調べる
- 打ち上げ日：2023年9月7日
- ロケット：H-IIAロケット47号機
- 打ち上げ場所：種子島宇宙センター

宇宙空間で観測をするXRISMのイメージ。
©JAXA

XRISMは、小型月着陸実証機SLIM（→12ページ）といっしょにH-IIAロケットで打ち上げられたよ。

銀河や星の誕生のしくみを高い精度で明らかに

銀河の中では、物質やエネルギーがたえず循環していて、それが新しい星や生命を生みだすことに重要な役割をはたしています。これらのしくみを「X線」を見ることで明らかにしようとするのが、X線分光撮像衛星XRISMです。

XRISMはこれまでにない、けたちがいに高いX線分光性能で宇宙を観測する装置で、星が爆発したあとに残る「超新星残骸」や銀河の中心にある「巨大ブラックホール」などを観測します。超新星残骸や巨大ブラックホールは、銀河全体に物質やエネルギーを循環させる「風」を生みだしていて、宇宙の進化に影響をあたえたと考えられています。XRISMの観測によって、銀河の成り立ちや、星や生命の誕生のしくみといった宇宙の進化を解き明かします。

超新星残骸や巨大ブラックホールを観測

XRISMはX線を見る望遠鏡（XMA）や、X線をとらえるResolve、Xtendの2つの検出器を使って観測します。とくにResolveはこれまでになく精密にエネルギーをはかることができるため、新たな発見をもたらすことが期待されています。

すでにXRISMは、超新星残骸（N132D）を観測し、爆発のときにつくられた鉄が約100億℃という超高温になっていることをつきとめました。これまで爆発の衝撃で鉄が高温に熱せられていると考えられていましたが、直接観測したのはXRISMがはじめてです。

ほかに、XRISMは地球から数千万光年はなれた巨大ブラックホール近くの物質を観測し、物質の分布を調べることにも成功しました。これらは星の誕生や銀河の成り立ちを理解するための、大きな手がかりとなります。

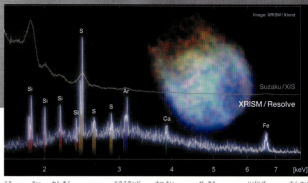

N132Dの観測データ。Xtendで撮影した画像と、Resolveで測定したデータを合わせたもの。
©JAXA

XRISMの観測はまだはじまったばかりだけど、次々に新しい発見をしているのか。

Xtendで撮影した、超新星残骸SN1006のX線画像。SN1006は、地球から約7000光年の距離にある超新星が爆発したあとにのこった天体だ。
©JAXA/DSS

銀河の中心部の「活動銀河核」のイメージ図。XRISMや過去の観測結果をもとにえがかれた。核の中心の巨大ブラックホールに周囲の物質がすいこまれ、ばく大なエネルギーが生まれると考えられている。
©JAXA

17

地球外生命を見つけだせ！
木星氷衛星探査計画 ガニメデ周回衛星 JUICE

★基礎データ★
- 主な目標：木星の成り立ちや、宇宙で生命が存在する可能性の調査
- 打ち上げ日：2023年4月14日
- ロケット：アリアン5（ESA）
- 打ち上げ場所：ギアナ宇宙センター（南米）
- 目標到達日：2031年7月予定

木星周回軌道をまわるJUICEのイメージ。太陽から遠くはなれた場所でも活動できる、特別な太陽電池駆動システムをそなえる。
©ESA

JUICEは世界ではじめて木星の氷衛星をターゲットにした探査機だよ。氷衛星には地球外生命がいるかもしれないんだ。

地球外生命の可能性をさぐる初の本格的調査

「木星氷衛星探査計画 ガニメデ周回衛星 JUICE」は、木星の成り立ちや地球外生命の証拠をさぐる史上最大級の国際太陽系探査ミッションです。計画はESA（ヨーロッパ宇宙機関）が主導し、日本やアメリカ、イスラエルなどが参加しています。JUICEは2031年に木星に到着し、2034年に木星の衛星ガニメデをまわる軌道に入る予定です。

ガニメデは表面が氷でおおわれた、太陽系最大の衛星です。ガニメデと同じく木星の衛星であるエウロパは、これまでの調査によって、内部に液体の海があると考えられています。地球の生命は海で誕生したと考えられていることから、JUICEはガニメデやエウロパに生命をはぐくむ環境があるのか調べ、地球外生命の可能性をさぐります。

木星の成り立ちから太陽系の歴史を解き明かす

木星は地球の300倍の重さを持つ太陽系最大の惑星です。巨大な木星は、太陽系の形成に深くかかわりました。地球に海や大気の成分がもたらされたのも、木星の影響が大きいと考えられているのです。そのため、木星の成り立ちを知ることは地球の誕生や、太陽系の歴史を知るうえでとても重要です。

ただし木星はぶあついガスでおおわれ、中のようすはなかなか調べられません。そこで、木星をまわる衛星を調べることで、木星の成り立ちを調べるのです。JUICEは10個の観測機器を使い、木星のまわりの環境や木星の衛星であるガニメデ、エウロパ、カリストをくわしく調査します。エウロパに2回、カリストに30回以上近づき、その後、ガニメデに向かって観測をつづける予定になっています。

> JUICEはこれまでないほどに木星の衛星に近づいて撮影するんだって。どんな姿がうつるのか、今からワクワクするね。

木星の周囲をまわる衛星のうち、とくに大きな4つの衛星を「ガリレオ衛星」とよぶ。

ガリレオ衛星。左からイオ、エウロパ、ガニメデ、カリスト。どれも非常に大きな天体で、ガニメデの直径は5268kmと、惑星である水星よりも大きい。
©NASA

世界の木星探査の歴史

木星は、1973年にパイオニア10号がはじめて探査をおこなって以来、NASA（アメリカ航空宇宙局）の探査機が数多くおとずれています。1995年に木星に到着したガリレオは、近い距離から木星やその衛星を撮影しました。エウロパの氷の下に海があることを発見したのもガリレオです。また観測装置を木星の大気に突入させ、木星の雲の中から大気を観測することにも成功しました。

2016年からはジュノーがさらにくわしく木星の撮影をおこないました。はげしくうずまく雲のようすを鮮明にとらえ、木星のオーロラのしくみなどを明らかにしました。また、2024年10月にNASAは新たな探査機エウロパクリッパーを打ち上げ、生命のすむ環境がそろう衛星エウロパをくわしく調べる予定です。

1989年に打ち上げられ、1995〜2003年まで木星とその衛星の観測をおこなったガリレオ探査機。名前の由来は、16〜17世紀に活躍した天文学者ガリレオ・ガリレイ。
©NASA

太陽系でもっとも過酷な探査へ！
水星磁気圏探査機「みお」

★基礎データ★
- 別名：MMO
- 主な目標：水星の磁場や大気などの探査
- 打ち上げ日：2018年10月20日
- ロケット：アリアン5（ESA）
- 打ち上げ場所：ギアナ宇宙センター（南米）
- 目標到達日：2026年11月（予定）

みおとMPOは協力して、水星の地形から上空の大気までをくわしく調べるよ。

水星の上空をまわり観測するみおのイメージ。
©JAXA

世界初、2機で水星をくわしく調べつくす

水星磁気圏探査機「みお」は、大気や磁場などの水星の環境を世界ではじめてくわしく観測することを目的としています。国際水星探査計画「ベピコロンボ」という日本のJAXA（宇宙航空研究開発機構）とESA（ヨーロッパ宇宙機関）の初の大規模国際協力ミッションで、ESAの水星表面探査機「MPO」といっしょに水星に向かいます。

水星は、探査に行くのがとてもむずかしい惑星です。水星は太陽に近いため、探査機は太陽の重力の影響を強く受け、近づくためにたくさんのエネルギーが必要だからです。しかも水星に近づくとつねに強い太陽光にさらされるため、高熱に対するくふうも必要です。これまで水星へ行った探査機は2機しかありません。みおは、MPOとともに水星に近づき、これまでだれも見たことのない新しい水星の姿にせまります。

★ 史上最多！9回のスイングバイで水星へ

水星へ向かうエネルギーをおぎなうために、惑星の重力を利用する「スイングバイ」を使います。合計9回のスイングバイをおこないますが、これは惑星探査機としてもっとも多い回数です。

水星のまわりは地球の約10倍も強い太陽光がふりそそぎ、金属は500℃をこえるような猛烈な熱さになりますが、その対策も万全です。みおは側面に鏡を使い、太陽光を反射させて熱を逃がすくふうをしています。また熱くなる太陽電池の裏側には機器を置かない設計になっています。

水星はまだなぞが多い惑星です。水星にはとても弱い磁場があることがわかっていますが、その原因や影響はわかっていません。みおは、さまざまな観測機器を使い、水星のなぞの解明にいどみます。

水星の探査は、地球誕生の秘密をさぐることにもつながるみたい！

みおの本体から左右に長くのびる棒は、磁場をはかるための観測装置なんだって。

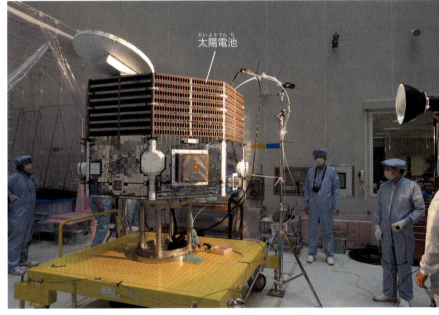

みおの太陽電池を試験するようす。みおは回転しながら進むため、太陽電池はみおの上部をとりかこむようについている。
©JAXA

「スイングバイ」とは？

探査機が惑星などの天体の近くを通ると、天体の引力に引っぱられます。これをうまく利用するのが「スイングバイ」です。スイングバイでは、天体にちょうどよく近づくことで、重力によって探査機の向きを大きくかえることができます。さらに太陽のまわりをまわる惑星を利用すると、速度もかえられます。スイングバイには、天体の公転する方向に対して探査機が後方を通過する「加速スイングバイ」と、前方を通過する「減速スイングバイ」があります。

スイングバイは探査機の速度や星との距離が少しかわるだけで結果が大きくかわります。そのため、探査機を正確に制御することが必要になるむずかしい方法です。

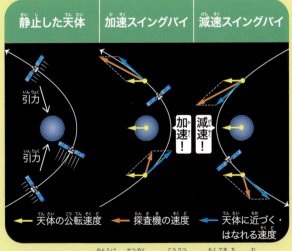

スイングバイは、燃料を節約して効率よく目的地に向かうために欠かせない方法になっている。

宇宙の天気を観測する
ジオスペース探査衛星「あらせ」

★基礎データ★
- 別名：ERG
- 主な目標：地球近くの宇宙空間（ジオスペース）での高エネルギー電子の観測・調査
- 打ち上げ日：2016年12月20日
- ロケット：イプシロンロケット2号機
- 打ち上げ場所：内之浦宇宙空間観測所

宇宙嵐などの宇宙天気を予測することを「宇宙天気予報」というよ。正確な予報には、あらせの活躍が不可欠なんだ。

地球周辺の「ジオスペース」を観測するあらせのイメージ。
©JAXA

宇宙空間でおきる「嵐」を細かく調べる

　地球周辺の宇宙空間を「ジオスペース」とよびます。ジオスペース探査衛星「あらせ」は、9つの観測機器を使って、このジオスペースを調べる探査機です。とくに力を入れているのは「宇宙嵐（磁気嵐）」の観測です。宇宙嵐は、太陽表面の巨大な爆発の影響で引きおこされます。爆発で太陽の大気の一部がふきとばされてジオスペースへやってくると、ジオスペースの環境がみだれ、宇宙嵐がおきるのです。
　宇宙嵐がおきるとジオスペースには強い電流が流れます。それによって地球では広い範囲で停電したりして、私たちの生活にも大きな影響をおよぼす可能性があります。宇宙嵐の発生を予測するために、あらせのおこなう宇宙嵐のくわしい観測が重要なのです。

宇宙嵐がはじまるようすをくわしく観測

宇宙嵐が発生するとき、ジオスペースでは不思議な現象がおこります。宇宙嵐がはじまると高いエネルギーを持つ粒子（電子）が消えてなくなりますが、宇宙嵐がおさまると、その粒子の数はなぜかふえるのです。この粒子は人工衛星の故障などの原因になるので、宇宙嵐にともなう粒子の変化のしくみをくわしく調べることはとても重要です。

あらせは、NASA（アメリカ航空宇宙局）の観測衛星や地上のオーロラ観測カメラなどとも協力して観測をおこなっています。2017年9月には、宇宙嵐がはじまるときに見られる粒子の変化を世界ではじめてくわしく観測することに成功しました。

宇宙嵐が発生するきびしい環境で観測できるように、さまざまな新しい技術が使われているんだね。

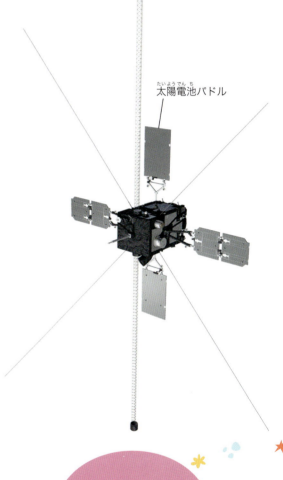

太陽電池パドルを展開する前（上）と、展開後（右）のあらせ。
©ERG science team

■あらせが観測した、宇宙嵐発生前後のジオスペース

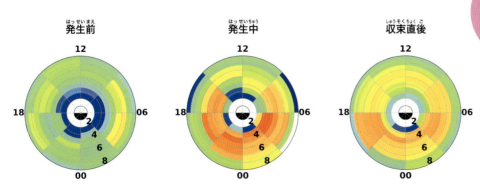

中央の小さな円が地球で、周囲の青→黄→赤の色分けは、リングカレント（地球をとりかこんで宇宙空間を流れる巨大電流）の変化をしめす。宇宙嵐の発達とともに、地球周辺の宇宙空間でプラズマがふえて電流がより強まる（色が赤くなる）ことがわかる。
©ERG science team

宇宙嵐がおきると、地球ではオーロラが見られることが多いんだって。

初号機から進化し、数々の世界初を達成！
小惑星探査機「はやぶさ2」

★基礎データ★
- 主な目的：地球や太陽系の起源を解明するための、小惑星サンプルの採掘
- 打ち上げ日：2014年12月3日
- ロケット：H-IIAロケット26号機
- 打ち上げ場所：種子島宇宙センター
- 目標到達日：2018年6月27日
- 地球帰還日：2020年12月6日

小惑星リュウグウに到着したはやぶさ2のイメージ。
©JAXA

はやぶさで起きたトラブルの経験を生かして、はやぶさ2は世界ではじめてとなるたくさんの技術を成功させたよ。

小惑星の地下から物質を持ち帰るのに世界ではじめて成功

小惑星探査機「はやぶさ2」は、はやぶさ（→27ページ）の後継機です。種子島宇宙センターから小惑星「リュウグウ」をめざして、2014年に打ち上げられました。はやぶさ2はリュウグウに2回タッチダウン*し、リュウグウの表面と地下にある物質の採取に成功しました。小惑星の2つの地点で物質を採取したことも、表面と地下ということなる深さにある物質を採取したことも、世界ではじめての快挙です。リュウグウで採取した物質は、太陽系の初期の情報をのこしているとても貴重なものだということが明らかになっています。それらの物質は地球で解析がつづけられ、太陽系の歴史や生命の起源のなぞにせまる成果が期待されています。

＊タッチダウン：小惑星表面に瞬間的におり、すぐに宇宙空間にもどる動作。

■はやぶさ2の各部名称

光学航法カメラ、中間赤外カメラ、分離カメラ、近赤外分光計、レーザ高度計など、たくさんの先進装備をそなえる。
©JAXA

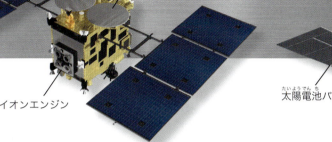

アンテナ
イオンエンジン
太陽電池パドル
再突入カプセル

★ 人工クレーターをつくって小惑星の地下を探索

　リュウグウは、はやぶさが調べた「イトカワ」とは別の種類の小惑星で、生命の材料となる「有機物」の存在が期待される天体です。2018年にリュウグウに到着したはやぶさ2は、まずその表面の観測をはじめました。そして2回のタッチダウンをおこないました。1回目、はやぶさ2は着陸と同時に金属弾を打ちこみ、リュウグウの表面の物質を巻き上げて採取しました。はやぶさでうまくいかなかった方法を、はやぶさ2は成功させてみせたのです。

　2回目には、はやぶさ2はリュウグウの地下の物質を調べるため、爆薬が入った衝突装置を小惑星に落とし、人工のクレーターをつくりました。そして、はやぶさ2は人工クレーターにタッチダウンして、地下物質と表面物質がまざったものを採取することにも成功しました。

地球から小惑星までの長大な距離を自分で判断して動くため、高度な自動航行技術をそなえているんだって。

はやぶさ2が22km上空からとらえたリュウグウの姿。岩のかたまりがたくさんあるのが見える。
©JAXA、東京大学など

小惑星リュウグウの人工クレーター付近にタッチダウンするはやぶさ2のイメージ。
©JAXA

精度を上げることで、岩だらけのリュウグウにも安全にタッチダウンできたんだね。

はやぶさ2の旅はまだつづく

2020年12月、6年にもわたる旅を終え、地球上空へともどったはやぶさ2は、リュウグウで採取した物質を入れたカプセルを地球へ向けて切りはなしました。地球の大気圏に突入したカプセルは地上10kmでパラシュートをひらき、無事に着陸しました。はやぶさ2は、リュウグウから約5.4gの物質を地球に持ち帰ることに成功したのです。

その後はやぶさ2は、新たな目標である小惑星「トリフネ」に向けて、再び出発しました。トリフネは直径500mほどで、イトカワともリュウグウともちがうタイプの小惑星と考えられています。はやぶさ2はトリフネまで5kmの距離に近づき、表面のようすなどを探査する予定です。

はやぶさ2はカプセルをとどけてすぐに、また次の小惑星トリフネへと向かったんだ。

長い旅を終えて地球に接近したはやぶさ2のイメージ。
©JAXA

地球にもどってきたはやぶさ2のカプセル。オーストラリアの砂漠地帯に着地した。
©JAXA

リュウグウから持ち帰った粒。2回目の着陸で採取された。長さ2.1mm。重さ2mg。
©JAXA

カプセルには、数mmほどの大きさの粒がたくさん入っていたんだって。

500μm

はやぶさ「初号機」の活躍

　小惑星探査機「はやぶさ」は2003年に打ち上げられ、2005年、小惑星「イトカワ」に到着。何度か着陸の試験をおこなったのち、イトカワの「ミューゼスの海」へタッチダウンをおこないました。そして、舞い上がる表面の物質の採取に成功したのです。2010年には地球に帰還し、カプセルを分離したあと、本体は大気圏に突入して燃えつきました。月以外からのサンプルリターンに成功したのは、世界ではじめてです。

　はやぶさの挑戦は順調ではありませんでした。4基あるイオンエンジンのうち3基が不調に見舞われ、燃料もれの影響で45日間にわたって交信がとだえるなど、たびかさなるトラブルに見舞われました。それらを乗り越え、世界ではじめての偉業をなしとげたのです。

★基礎データ★
- ●別名：MUSES-C
- ●主な目的：太陽系の起源を解明するための、小惑星サンプルの採掘
- ●打ち上げ日：2003年5月9日
- ●ロケット：M-Vロケット5号機
- ●打ち上げ場所：内之浦宇宙空間観測所
- ●目標到達日：2005年11月20日
- ●地球帰還日：2010年6月13日

> トラブルを乗り越え復活するはやぶさの勇姿は、映画にもなったよね。

イトカワにタッチダウンするはやぶさのイメージ。表面をくだくための弾丸はうまく発射されなかった。
©JAXA

筑波宇宙センター（茨城県つくば市）に展示されているはやぶさの実物大模型。
©JAXA

はやぶさが持ち帰ったイトカワの粒。電子顕微鏡で撮影した。はやぶさが持ち帰った粒は大部分が0.01mmほどの大きさだった。
©JAXA

太陽の光を帆に受けて進む宇宙ヨット
小型ソーラー電力セイル実証機
IKAROS

★基礎データ★
- 主な目的：太陽の光で推進力を得るソーラーセイルによる航行技術の実証
- 打ち上げ日：2010年5月21日
- ロケット：H-IIAロケット17号機
- 打ち上げ場所：種子島宇宙センター

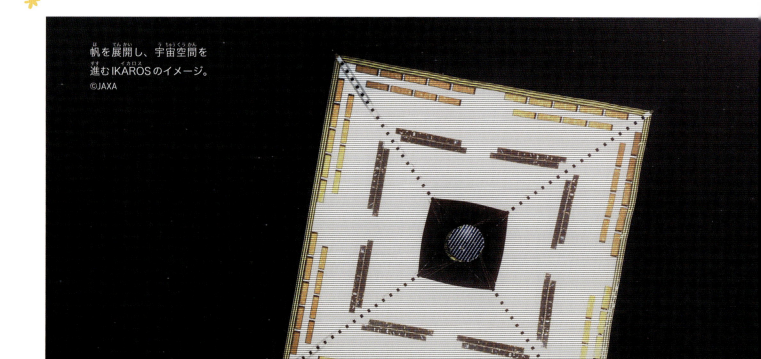

帆を展開し、宇宙空間を進むIKAROSのイメージ。
©JAXA

ヨットが帆で風の力を受けて進むように、IKAROSは帆で太陽の光の力を受けて進むんだ。

太陽光の力だけで宇宙空間を進むことに成功

　小型ソーラー電力セイル実証機 IKAROS は、これまでにないまったく新しい進み方を宇宙空間でためすために打ち上げられました。太陽の光にはわずかながら物をおす力があり、IKAROSはその力を利用します。IKAROSは宇宙空間でうすい帆を広げ、帆に光をあてて、その力によって進んでいくのです。この方法は、IKAROSによって世界ではじめてたしかめられました。

　さらにIKAROSは、帆の一部にうすい太陽電池をはりつけてあり、自家発電をおこなうことでイオンエンジンを使って飛ぶこともできます。将来的にこれらの技術を使い、遠い木星などへ向かうことをめざします。IKAROSはほかに、3つの観測機器を使って、宇宙をただようちりの観測などにも成功しました。

世界初の技術を実証する困難なチャレンジ

IKAROSの「ソーラーセイル」とよばれる帆は正方形で、縦横約14mもあります。ソーラーセイルの厚さはわずか0.0075mm。食品用ラップフィルムよりもずっとうすい膜でできていて、IKAROSは、帆がたたまれた状態で打ち上げられます。真空、そして無重力という環境で、たたまれた巨大なうすい膜を平らにのばすことは大変むずかしいチャレンジでしたが、「ミウラ折り」という技術を応用することで問題を解決しました。IKAROSは宇宙でぐるぐるとこまのようにまわることで、遠心力によって帆をたいらにのばしました。さらに帆の向きを調整することで、宇宙船の向きをかえることにも成功しました。これは世界ではじめての快挙です。

さらに帆につけた世界最大面積を持つ検出器を使って、16か月間で約2800個のちりのデータを得ることに成功しました。これは宇宙にただよう、ちりの広がりを知るうえで画期的な成果です。

帆がたたまれた状態のIKAROS。
©JAXA

まわりながらソーラーセイルをたいらにのばすことも、世界ではじめて実現した技術なんだって。

■ソーラーセイルを広げるIKAROS

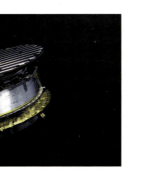

直径160cmほどの大きさの本体が、ソーラーセイルを広げると1辺14mもの大きさになる。日本の科学者が考案した、「ミウラ折り」という画期的な技術を応用して実現した。
©JAXA

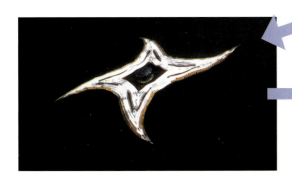

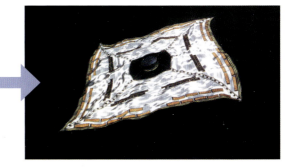

世界ではじめての惑星気象衛星
金星探査機「あかつき」

★基礎データ★
- 別名：PLANET-C
- 主な目標：金星の気象探査
- 打ち上げ日：2010年5月21日
- ロケット：H-IIA ロケット17号機
- 打ち上げ場所：種子島宇宙センター
- 目標到達日：2015年12月7日

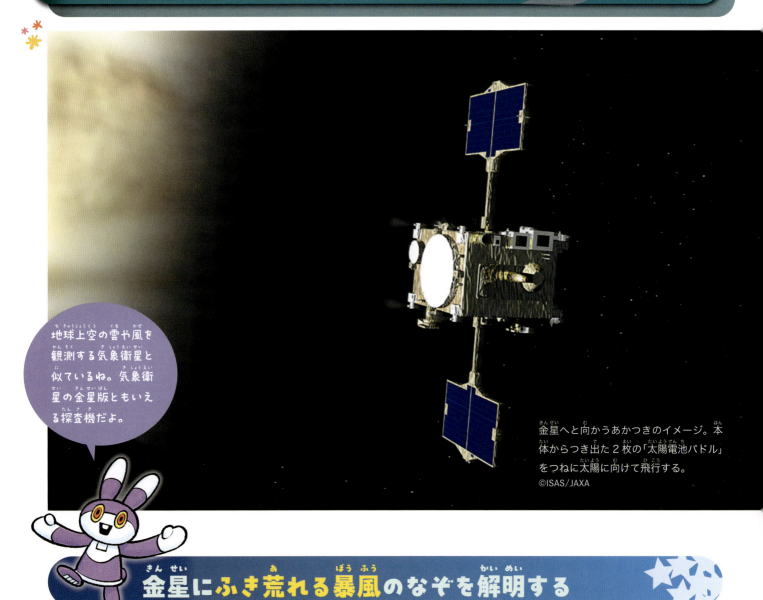

地球上空の雲や風を観測する気象衛星と似ているね。気象衛星の金星版ともいえる探査機だよ。

金星へと向かうあかつきのイメージ。本体からつき出た2枚の「太陽電池パドル」をつねに太陽に向けて飛行する。
©ISAS/JAXA

金星にふき荒れる暴風のなぞを解明する

「あかつき」は、金星の大気を調べる探査機です。金星は地球とほぼ同じ大きさの惑星ですが、大気は厚く地球の約100倍もあります。上空には硫酸*の雲が広がり、強い酸性の雨がふりそそぎます。地表付近の気温は460℃まで上がり、高度65kmの上空では時速360kmの暴風がつねにふき荒れる、地球の生命には非常に過酷な環境です。

これまで金星の気象現象はくわしく観測されたことがなく、とくに、大気が高速で回転する現象は「スーパーローテーション」とよばれ、維持される原因がわからない金星のなぞの一つでした。あかつきは5台のカメラと気温や密度などの高度分布を計算するUSOという機器を使って、世界ではじめて金星の大気を表面から上層部まで立体的に観測し、金星のさまざまななぞを解き明かしたのです。

*硫酸：硫黄、水素、酸素からなる液体で、強い酸性を持つ。

エンジン故障から復活

あかつきは、2010年5月に打ち上げられ、同年12月には金星近くに到着しました。しかしエンジン故障のため、金星をまわる軌道に入ることに失敗。5年もの歳月をかけて軌道を修正し、ようやく金星の周回軌道に入ることができました。劇的な復活をとげ、金星観測をスタートさせたのです。

その後、撮影した画像のくわしい分析によって、スーパーローテーションを維持するメカニズムが明らかになりました。金星の大気は昼間に熱せられてふくらみ、夜に冷やされてちぢみます。このくりかえしによって大気に「熱潮汐波」という波が発生します。この熱潮汐波がスーパーローテーションを維持していることが、あかつきの探査成果によって世界ではじめてわかったのです。

軌道をはずれたあかつきに、5年間毎日かかさずに地球から信号を送りつづけることで、復活することができたんだって！

金星の大気のスーパーローテーションをあらわした図。金星の自転の60倍もの速さで大気が回転している。

紫外イメージャ（UVI）で撮影した金星。UVIでは雲の構造や動きを調べることができる。

©PLANET-C Project Team

■あかつきに搭載されたカメラ

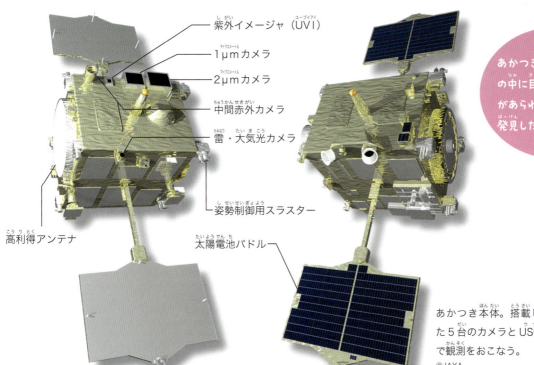

- 紫外イメージャ（UVI）
- 1μmカメラ
- 2μmカメラ
- 中間赤外カメラ
- 雷・大気光カメラ
- 姿勢制御用スラスター
- 高利得アンテナ
- 太陽電池パドル

あかつきは、金星の大気の中に巨大な弓状の模様があらわれることも新しく発見したんだって。

あかつき本体。搭載した5台のカメラとUSOで観測をおこなう。
©JAXA

太陽表面と上空をはじめて同時に観測

太陽観測衛星「ひので」

★基礎データ★
- 別名：SOLAR-B
- 主な目的：太陽でおこるさまざまな活動や加熱現象の調査
- 打ち上げ日：2006年9月23日
- ロケット：M-Vロケット7号機
- 打ち上げ場所：内之浦宇宙空間観測所

太陽観測衛星「ひので」のイメージ。
©国立天文台/JAXA

中心部の熱源から距離が遠いほど温度が下がるのが普通なのに、太陽はなぜか、はなれたところほど熱くなっているんだ。

太陽最大のなぞを解くヒントを世界ではじめて発見

　太陽は、地球に住む私たちに身近な天体の一つですが、いまだ多くのなぞがのこされています。太陽観測衛星「ひので」は、3つの最先端望遠鏡を使って地上からは見ることのできない太陽の姿を観測し、太陽のなぞを解き明かします。

　とくに太陽最大のなぞとされるのが、太陽の外側の大気「コロナ」が熱すぎるという問題です。太陽の表面の温度は6000℃あまりですが、その上空の大気であるコロナは100万℃にもなります。太陽の熱は、太陽の中心部から生みだされたものです。ではどうして、表面からはなれるほど大気の温度が高くなるのでしょう。この温度の逆転現象は、研究者を長くなやませてきました。「ひので」は加熱のなぞを解くヒントを見つけ、太陽の研究を大きく進めています。

32

コロナを熱していたのは「磁力線」

太陽の大気は層になっていて、表面(光球)より上の層はそれぞれちがった色(波長)の光を出します。ひのでは、3つの望遠鏡(可視光・磁場望遠鏡、X線望遠鏡、極端紫外線撮像分光装置)を使うことで、表面から上部のコロナまでを同時に観測することができます。

太陽の表面には磁力線とよばれる磁気の輪ができ、その高さはコロナにまで達します。これまでコロナをあたためているのは、磁力線のつなぎ替えによって解放される磁場のエネルギーではないかと考えられてきました。太陽表面から磁力線を通してエネルギーがコロナまで伝わり、大気をあたためるという考えですが、その証拠はありませんでした。

ひのでは、非常に細かいわずかな磁力線の動きをとらえ、観測します。それによって、ひのでは世界ではじめて、磁力線を伝わったエネルギーが熱にかわる証拠をとらえることに成功したのです。

■太陽の構造

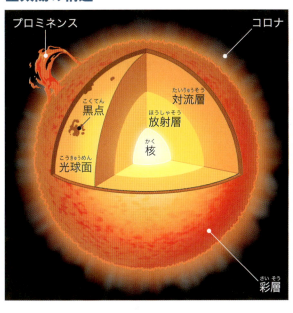

熱真空試験をおこなう「ひので」。
©JAXA

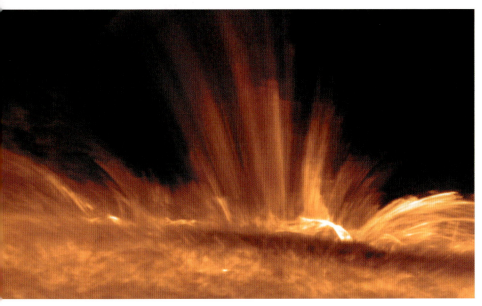

ダイナミックに活動する太陽の彩層。
© 国立天文台/JAXA

ひのでは、これまで比較的おだやかだと思われていた彩層が、活発に活動するようすも発見したよ。

小型高機能科学衛星「れいめい」

世界最高峰の装置でオーロラを観測

★基礎データ★
- 別名：INDEX
- 主な目的：先進的な衛星技術を、宇宙空間の衛星軌道上で実証すること
- 打ち上げ日：2005年8月24日
- ロケット：ドニエプルロケット（ウクライナ）
- 打ち上げ場所：バイコヌール宇宙基地（カザフスタン）

小型高機能科学衛星「れいめい」のイメージ。©JAXA

オーロラが発生したとき、温度や密度といった宇宙空間の環境もはかるよ。これだけくわしくオーロラを計測できる衛星はほかにないんだ。

オーロラの写真撮影と電子の計測は世界唯一

小型高機能科学衛星「れいめい」は、大型衛星とともに相乗りで打ち上げる小型・軽量の観測衛星で、オーロラのくわしい構造を調べます。オーロラは北極や南極などの緯度の高い場所の空で見られる発光現象です。オーロラはこれまで、地上からも人工衛星からも観測されてきましたが、活発に変化するその細かな構造は明らかにされていませんでした。

れいめいは、カメラでオーロラ画像を撮影するのと同時に、オーロラを光らせる電子のようすを計測することができます。同時観測ができるのは世界でただ一つ、れいめいだけです。しかもこれまでになく細かくその電子のようすを観測できるので、それによって、オーロラのきわめて細かい構造やしくみを明らかにするなどの大きな成果を上げています。

オーロラは、北アメリカのカナダやアラスカ、北ヨーロッパなどでも見られる。最近は北海道でも見られるようになってきたんだって。

ノルウェーのオーロラ。色あざやかなカーテンのように光が夜空に広がる光景は、観光客にも人気。

オーロラのまたたきのしくみを明らかに

　オーロラは、宇宙からふりそそぐ電子が地球の大気と衝突することで光る現象です。れいめいの重要な成果の一つが、数秒おきに光がまたたく「脈動オーロラ」のしくみを明らかにしたことです。

　脈動オーロラがなぜ1秒間に数回もまたたくのか、その理由はわかっていませんでした。れいめいの観測によって、宇宙からとどく「電磁波」が電子に影響をあたえ、脈動オーロラのまたたきを生みだしていたことがわかったのです。電子の高速の変化をとらえることのできるれいめいの観測機器だからこそ、わかった成果です。

　その電磁波は「コーラス」とよばれるものです。コーラスは、音声に変換すると小鳥の声のように聞こえることから「宇宙のさえずり」ともよばれています。宇宙のさえずりが、美しいオーロラのまたたきをつくりだしていたなんて不思議ですね。

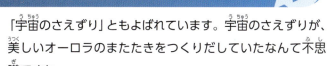

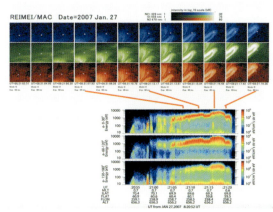

オーロラの高分解能画像（上）を撮影し、その構造の中で衛星が通過した領域を詳細に計測するのに成功した（下）。
©JAXA

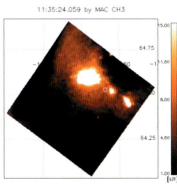

2007年10月18日にれいめいによって観測された脈動オーロラ。11:35:21秒（左）、11:35:24秒（右）。
©JAXA

れいめいは高度650kmというオーロラに近い場所から撮影するので、オーロラをくわしく観測できるんだって。

世界初！火星衛星から砂を持ち帰る
火星衛星探査計画 MMX

★基礎データ★
- ●主な目的：火星衛星のサンプルを持ち帰り、火星衛星の起源や火星圏の進化の過程を明らかにすること
- ●打ち上げ日：2026年度（予定）
- ●目標到達日：2027年度（予定）
- ●地球帰還日：2031年度（予定）

MMXは打ち上げ後、およそ1年で火星圏に到着して火星周回軌道へ投入される予定だよ。

フォボス表面で試料を採取するMMXのイメージ。
©JAXA

火星衛星のサンプルを持ち帰る世界初の探査

　火星には、「フォボス」と「ダイモス」という2つの衛星があります。その2つの衛星を調べるのが、火星衛星探査計画MMXです。MMXは火星の衛星に水をふくむ鉱物や有機物があるかを調べて、火星に生命が誕生した可能性をさぐります。MMXの観測は、上空からだけではありません。フォボス表面におりて砂を採取し、地球に持ち帰る「サンプルリターン」もおこないます。成功すれば、世界初となる快挙です。

　フォボスの表面には、火星の表面からふきとばされた隕石のかけらがふりつもっていると考えられています。そのかけらを調べることで、火星の表面の物質のようすや、火星の成り立ちも明らかにできることが期待されています。

★ 火星有人探査の重要拠点となるフォボス

　MMXはスーパーハイビジョンカメラを使って、火星やその衛星をくわしく撮影する予定です。それによって、これまで見えなかった細かな構造なども明らかになることでしょう。
　フォボスは火星有人探査をおこなうための基地を置く場所として検討されています。その準備のためにも、MMXが調べるフォボス表面の地形や環境の情報が役立てられます。

フォボスを天然の宇宙ステーションとして使うことができるのか、MMXの調査が今後の火星探査計画を左右するのです。
　火星近くへおり立って地球へ帰ってくるためには、たくさんの高度な技術が使われます。これらの技術は今後の火星有人探査で重要な技術になると、世界から注目をあびています。

■ MMXを構成する3モジュール

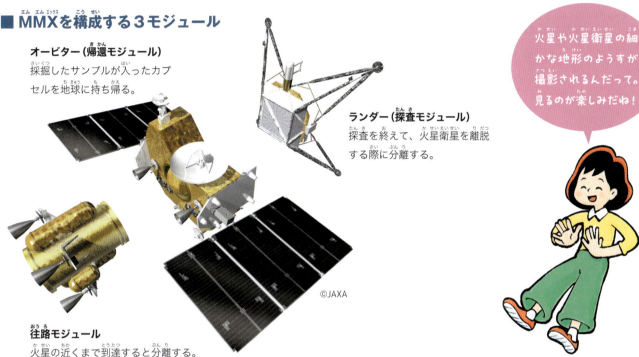

オービター(帰還モジュール)
採掘したサンプルが入ったカプセルを地球に持ち帰る。

ランダー(探査モジュール)
探査を終えて、火星衛星を離脱する際に分離する。

往路モジュール
火星の近くまで到達すると分離する。

©JAXA

火星や火星衛星の細かな地形のようすが撮影されるんだって。見るのが楽しみだね！

MMXを打ち上げてから地球に帰るまでに5年もかかるんだって！

上空150kmからフォボスを観測するMMXのイメージ。
©JAXA

★コラム★
地球以外にも生命が？
火星探査の歩み

火星に生命がいる可能性は昔から考えられていて、SF小説や映画などの題材にもなっているんだ。

🌙 太陽系の惑星、火星探査のはじまり

　火星は、地球のとなりの惑星です。太陽系の惑星の中では地球に似ているところも多く、古くから生命がいる可能性が議論され、1960年代から火星へ向けて多くの探査機が打ち上げられました。

　1971年にはソビエト連邦（ソ連。現在のロシア）のマルス3号が気温や気圧などを測定しながら火星へおり、世界ではじめて着陸に成功。1976年にはアメリカのバイキングもつづき、赤い砂漠が広がった火星の風景を撮影し、人々をおどろかせました。1997年にはアメリカのマーズ・パスファインダーが着陸し、自走する火星探査車（ローバー）が火星の岩石などを調べました。生命の痕跡や証拠はいまだ見つけられていませんが、現在も多くの国が火星探査に挑戦していて、日本もMMX（→36ページ）が、世界初の火星衛星からのサンプルリターンを目標に計画を進めています。

ロシアの首都モスクワの宇宙飛行士記念博物館に展示されている、マルス3号の火星降下モジュールの模型。

火星表面に着陸するバイキング（アメリカ）のイメージ。
©NASA/JPL-Caltech/University of Arizona

★火星探査の歴史★

1960年	ソ連（現在のロシア）が、火星接近を目的とした打ち上げをおこなう
1965年	マリナー4号（アメリカ）が、世界ではじめて火星9600kmの距離まで接近
1971年	マリナー9号（アメリカ）が、世界ではじめて火星周回軌道に到達
	マルス3号（ソ連）が、世界ではじめて火星表面に着陸
1976年	バイキング（アメリカ）が火星表面を調査
1997年	マーズ・パスファインダー（アメリカ）が、約20年ぶりに火星表面に着陸。以降、アメリカのさまざまな探査機が火星表面を継続的に調査
2001年	マーズ・オデッセイ（アメリカ）が、火星の地下に大量の氷を発見
2003年	マーズ・エクスプレス（ヨーロッパ）が火星周回軌道に到達
2014年	マンガルヤーン（インド）が火星周回軌道に到達
2021年	アル・アマル（アラブ首長国連邦）が火星周回軌道に到達
	マーズ2020（アメリカ）が火星表面に着陸
	天問1号（中国）が火星表面に着陸

火星探査はとてもむずかしく、探査機の半数以上が何らかのトラブルに見舞われているよ。日本が1998年に打ち上げた火星探査機「のぞみ」も火星周回は達成できなかったんだ。

世界中で盛り上がる火星探査

2004年に火星に着陸した、アメリカの火星探査車「オポチュニティ」と「スピリット」は、火星上を走り、多様な風景を写真におさめ、火星に水があった証拠を発見しました。

水は生命に必要な物質です。水があれば生命が存在した可能性が高まるため、生命の重要な手がかりとして火星探査の目標とされています。2024年には、火星の地下深くに大量の水がねむっている可能性を、アメリカの研究チームが報告しました。

現在、多くの国の探査機によって次々と新しい発見が発表され、火星をめぐる国際的な競争がさかんになっています。また、アメリカでは民間のスペースX社（代表、イーロン・マスク氏）がNASA（アメリカ航空宇宙局）と協力して火星探査に取り組むことを発表するなど、国にとどまらない動きもあります。探査が進むことで、火星への移住や火星を拠点にした宇宙観光など、かつてはSFでしか考えられなかったことがいつか現実になる日が来るかもしれません。

2012年、マーズ・エクスプレス（ヨーロッパ）が撮影した火星表面のクレーター。氷のかたまりに見えるが、ほとんどが二酸化炭素の氷だという。
©ESA/DLR/Freie Universität Berlin (G. Neukum)

火星探査車が火星の大地を走りまわって、現地の環境や風景をたくさん記録しているね！

2015年、キュリオシティ（アメリカ）が撮影した火星のシャープ山の風景。
©NASA/JPL-Caltech/MSSS

マーズ2020計画の火星探査車「パーサヴィアランス」（右）とヘリコプター「インジェニュイティ」（上）。火星のうすい大気でもヘリコプターが飛行できることを、はじめて実証した。
©NASA/JPL-Caltech/MSSS

超高速で撮影する高難度チャレンジ
深宇宙探査技術実証機 DESTINY⁺
デスティニープラス

★基礎データ★
- 主な目的：小型ロケットによる深宇宙探査技術の実証と、小惑星「フェートン」の調査
- 打ち上げ日：2028年度（予定）
- ロケット：H3ロケット（予定）

彗星はちりをふきだしてできる長い尾を持つものが多いよ。フェートンは、小惑星なのにちりをふきだす不思議な星なんだ。

小惑星フェートンに接近するDESTINY⁺のイメージ。
©JAXA

ちりがふきだす不思議な天体を追う

流星（流れ星）は、ちりが地球の大気にぶつかって光る現象です。毎年、ほぼ同じ時期に流星が群れをなしてあらわれる流星群は、ちりをふきだす元となる天体（母天体）から出たちりが地球にふりそそぐことでおきています。

毎年12月に観測できるふたご座流星群の母天体、小惑星「フェートン」は、ちりをふいたり、軌道がだ円だったり、まるで彗星のような特徴を持つ不思議な天体です。しかし、ちりがふくようすは地上の望遠鏡からではわかりません。そこでDESTINY⁺はフェートンに近づき、カメラで表面を撮影して、まわりにただようちりを直接観測します。

また、地球にふりそそぐ大量のちりは、生命の種になったかもしれないと考えられています。ちりのひと粒ずつ、速度や方向、成分を調べることで、生命誕生のなぞにせまることも期待されています。

紀伊半島で観測したふたご座流星群。母天体のフェートンからふきだしたちりが、地球にふりそそいでおきる。

フェートンの想像図。直径は約6kmで、地球に衝突する可能性のある天体としては最大級。
©JAXA

世界ではじめて人工衛星から探査機へと変化

　DESTINY⁺はH3ロケットによって2028年度に打ち上げられ、地球をまわる軌道に入る予定です。その後、「はやぶさ」に使われたようなイオンエンジンを使って1年半にわたって加速をつづけ、高度を上げていきます。そして、月の重力を利用してスイングバイ（→21ページ）を数回おこない、地球の重力をふりきり、小惑星フェートンへ向かって飛びだすのです。

　DESTINY⁺は地球のまわりをまわる人工衛星として打ち上げられ、その後、小惑星に向かう探査機へと変わります。月の重力を利用して小惑星に行くのは、実現できれば世界ではじめてのことです。

　またDESTINY⁺は秒速36kmという超高速でフェートンとすれちがいながら、撮影をおこないます。数十秒というかぎられた時間で撮影をおこなうために、特殊な高性能カメラが開発されています。

地球周回軌道上で、イオンエンジンで加速するDESTINY⁺のイメージ。
©JAXA

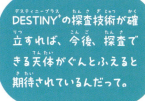
DESTINY⁺の探査技術が確立すれば、今後、探査できる天体がぐんとふえると期待されているんだって。

困難なチャレンジだけど、成功すればとても重要な情報が得られるんだね。

世界最高性能の紫外線望遠鏡を装備！
高感度太陽紫外線分光観測衛星
SOLAR-C
（ソーラーシー）

★基礎データ★
- 主な目的：太陽フレア、コロナ、太陽風などが起こるしくみの解明
- 打ち上げ日：2028年度（予定）

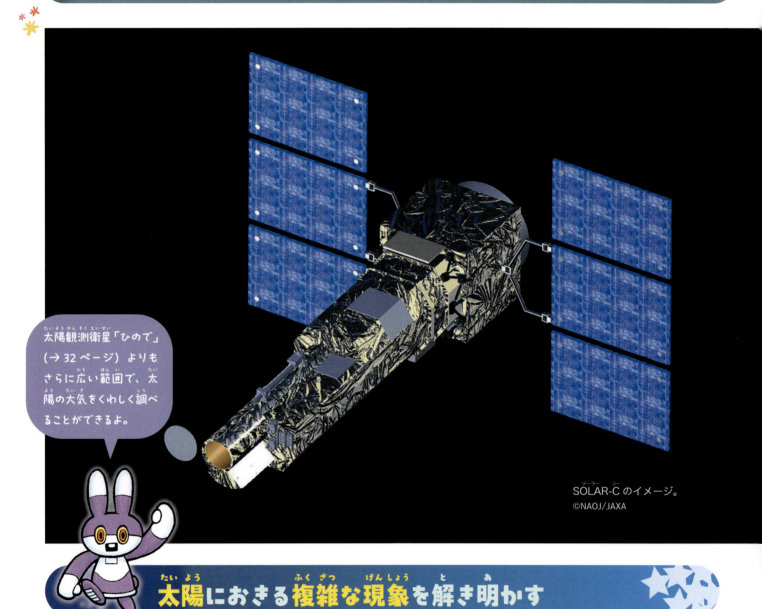

太陽観測衛星「ひので」（→32ページ）よりもさらに広い範囲で、太陽の大気をくわしく調べることができるよ。

SOLAR-Cのイメージ。
©NAOJ/JAXA

太陽におきる複雑な現象を解き明かす

　高感度太陽紫外線分光観測衛星 SOLAR-Cは、太陽からとどく極端紫外線（紫外線より波長が短い光）をくわしく調べる衛星です。観測によって「太陽の高温の大気がどのようにつくられるのか」「太陽がどのように地球に影響をおよぼすのか」を明らかにします。これまでの太陽観測では大気の活動を中心に調べてきましたが、SOLAR-Cはその背景にあるしくみにせまります。太陽の大気や太陽フレアが発生するしくみを理解することで、宇宙の天気を正確に予報したり、将来の太陽の活動を予測したりすることが可能になります。
　日本は、世界をリードする太陽観測の技術を持っています。SOLAR-Cはこれまでにない能力を持つ世界ではじめての紫外線望遠鏡で、新たな観測の世界を切りひらくのをめざしています。

★ 3つの同時観測能力を持つ望遠鏡

　SOLAR-Cがそなえる最先端の「EUV高感度分光望遠鏡(EUVST)」は、3つの高度な観測能力を同時に発揮します。

　1つ目は、幅広い温度を同時に観測する能力です。太陽の大気は、表面の彩層は1万℃、上空のコロナは100万℃、爆発現象の太陽フレアは1500万℃といったように幅広い温度で存在します。それら大気の層を、同時に観測することができます。

　2つ目は、極端紫外線を集める高い能力です。これまでの太陽観測衛星よりも10〜30倍高い能力を持ち、大気の構造をよりくわしく調べることができます。3つ目は、極端紫外線から細かな情報を得る能力です。極端紫外線から速度や温度などの情報を調べ、大気の成分のようすをさぐります。SOLAR-Cはこの3つの能力で、太陽の大気のしくみを解き明かすのです。

3つの高い観測能力を同時に使って観測するのは、世界ではじめてなんだって。

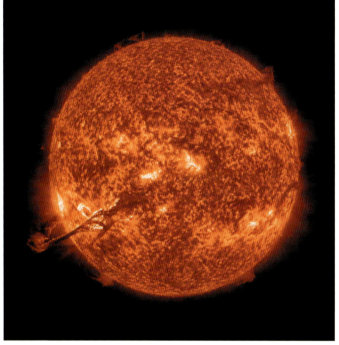

2012年8月31日に観測された太陽フレア。左側で太陽フレアが大きくふきだしているのがわかる。SOLAR-Cは、こういった大気の層を精密に調査できる。
©NASA/Goddard/SDO

ようこう(SOLAR-A)と日本の太陽観測

★基礎データ★
主な目的：太陽フレアとコロナの観測
打ち上げ日：1991年8月30日
運用終了日：2004年4月23日

　日本の太陽観測は、1981年に打ち上げられた「ひのとり」(ASTRO-A)からはじまり、1991年打ち上げの「ようこう」(SOLAR-A)から本格化しました。ようこうはX線望遠鏡を使って太陽フレアやコロナの観測をおこない、「磁気リコネクション」という現象が太陽活動に大きな役割をはたしていることを世界ではじめて明らかにしました。

　2006年に打ち上げられた「ひので」(SOLAR-B。→32ページ)からはX線望遠鏡に加え、分光装置を使ってくわしく太陽からの光を調べてより高解像の観測をおこない、成果をあげています。次世代の太陽観測衛星「SOLAR-C」では、分光装置をさらに改良し、よりくわしく太陽のなぞを調べようとしているのです。

太陽観測衛星「ようこう」(SOLAR-A)。
©JAXA

★コラム★
運用を終えた日本の探査機と観測衛星

たくさんの探査機や観測衛星を打ち上げて、世界をリードする技術をみがいてきたんだね。

宇宙探査や地球観測の分野で独自の技術を築いてきた日本は、これまでも世界にさきがけて数多くの成果を上げています。過去に活躍し運用を終えた、主な日本の探査機や観測衛星を見ていきましょう。

ハレー彗星探査試験機「さきがけ」

惑星間で観測をおこなった日本初の探査機です。ハレー彗星に近づき、彗星付近の磁場や太陽風の観測をおこないました。通信や姿勢制御などのさまざまな探査機技術の試験もかねていたさきがけの成功によって、日本の宇宙技術は大きく前進しました。

★基礎データ★
- 別名：MS-T5
- 主な目標：ハレー彗星の探査や太陽風の観測など
- 打ち上げ日：1985年1月8日
- 運用終了日：1999年1月7日

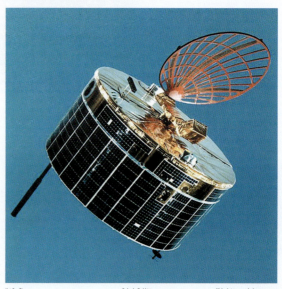

上部にアンテナをつけた円筒形のさきがけ。本体の高さは70cmほどだ。
©JAXA

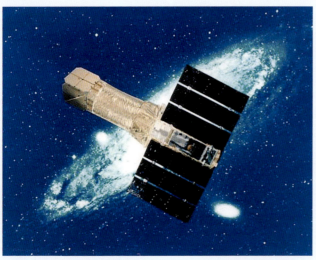

2枚の折りたたみ式の太陽電池パドルをそなえたあすか。高さは4.7mほど。
©JAXA

X線天文衛星「あすか」

日本で4番目のX線天文衛星です。1990年代、世界でただ一つのX線天文衛星として活躍し、新しい成果を発信しつづけました。また、宇宙の奥深くまで観測できる波長のX線を使って、世界ではじめて撮影をおこないました。

★基礎データ★
- 別名：ASTRO-D
- 主な目的：ブラックホールなどから放射されるエネルギーの観測
- 打ち上げ日：1993年2月20日
- 運用終了日：2001年3月2日

磁気圏尾部観測衛星 GEOTAIL（ジオテイル）

磁気圏尾部（地球をとりまく磁気圏が尾のようにのびた部分）を調査する、日本・アメリカの共同プロジェクトの観測衛星です。オーロラが突然明るくかがやきはじめる原因の解明など、数多くの成果を上げました。

★基礎データ★
- ●主な目的：磁気圏尾部でのエネルギーやプラズマの発生状況などを観測し、そのなぞを明らかにすること
- ●打ち上げ日：1992年7月24日
- ●運用終了日：2022年11月28日

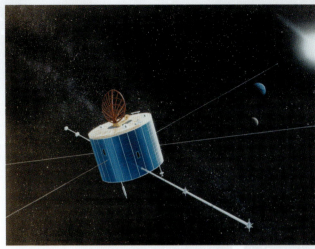

GEOTAIL（ジオテイル）のイメージ。各国の衛星と協力して30年も観測をつづけた。
©JAXA

惑星分光観測衛星「ひさき」

世界初となる惑星観測用の宇宙望遠鏡です。木星をとりかこむ輪のように分布する「イオトーラス」の解析に成功したほか、火星におきた砂嵐が大気の流出にかかわっていることを世界ではじめて明らかにしました。

★基礎データ★
- ●別名：SPRINT-A（スプリント エー）
- ●主な目的：太陽風やプラズマを観測し、太陽系の惑星の環境を調査すること
- ●打ち上げ日：2013年9月14日
- ●運用終了日：2023年12月8日

竹をななめに切ったような望遠鏡の先端を持つひさき。
©JAXA

赤外線天文衛星「あかり」

幅広い波長の赤外線を観測し、20年ぶりに全天の赤外線地図を新しくつくりかえました。よりくわしい赤外線地図をつくることで天文学の発展に貢献しただけでなく、星の誕生する現場をくわしくとらえるなどの成果も上げました。

★基礎データ★
- ●別名：ASTRO-F（アストロ エフ）
- ●主な目的：天体からの赤外線を観測し、銀河や星の成り立ちを解明すること
- ●打ち上げ日：2006年2月22日
- ●運用終了日：2011年11月24日

高さ約3.7m。銀色のタンクには望遠鏡などを冷やすヘリウムがつまれた。
©JAXA

★さくいん★

あ行

あかつき	**30**,31
あかり	45
あすか	44
ASTRO-A	43
ASTRO-F	45
ASTRO-D	44
アポロ11号	14
アポロ17号	14
アポロ計画	14
天の川銀河	6,7
あらせ	**22**,23
アル・アマル	38
アルテミス1号	14
ESA（ヨーロッパ宇宙機関）	18,20
イーロン・マスク	39
イオ	19
イオトーラス	45
イオンエンジン	25,27,41
IKAROS	**28**,29
イトカワ	11,25,27
インジェニュイティ	39
INDEX	34
インフレーション	6
USO	30,31
宇宙嵐	22,23
衛星	10,18,19,36,37
エウロパ	18,19
エウロパクリッパー	19
Xtend	17
XMA	17

（中列）

X線	10,16,44
MS-T5	44
MMX	**36**〜38
MMO	20
MPO	20
ERG	22
おうな	13
おおすみ	10
オーロラ	34,35,45
おきな	13
オポチュニティ	39
オリオン宇宙船	15

か行

海王星	7
かぐや	13,14
火星	7,36,37,45
火星探査	**38**,39
加速スイングバイ	21
活動銀河核	17
ガニメデ	18,19
カリスト	19
ガリレオ衛星	19
ガリレオ・ガリレイ	19
ガリレオ探査機	19
キュリオシティ	39
極端紫外線	42,43
銀河	6,7,17
銀河円盤	7
銀河系	6,7
銀河団	6,7
金星	6,30,31

（右列）

XRISM	**16**,17
クレメンタイン	14
月面基地	15
減速スイングバイ	21
恒星	6
光年	6,7
コーラス	35
コロナ	32,33,43

さ行

彩層	33,43
さきがけ	11,44
サンプルリターン	27,36,38
ジオスペース	22,23
GEOTAIL	45
紫外線	42
磁気嵐	22
磁気リコネクション	43
JAXA（宇宙航空研究開発機構）	20
JUICE	**18**,19
ジュノー	19
嫦娥3号	14,15
嫦娥4号	14,15
嫦娥6号	14
小惑星	11,24〜27,40,41
磁力線	33
人工衛星	10,11,23
水星	6,20,21
スイングバイ	21,41
スーパーローテーション	30,31
すざく	10

46

スピリット ‥‥‥‥‥‥‥ 39	熱潮汐波 ‥‥‥‥‥‥‥ 31	マルス3号 ‥‥‥‥‥‥‥ 38
SPRINT-A ‥‥‥‥‥‥ 45	のぞみ ‥‥‥‥‥‥‥‥ 11	マンガルヤーン ‥‥‥‥ 38
スペースX ‥‥‥‥‥‥ 39	**は行**	ミウラ折り ‥‥‥‥‥‥ 29
SLIM ‥‥‥‥‥‥‥ 12〜15	パーサヴィアランス ‥‥ 39	みお ‥‥‥‥‥‥‥ **20**,21
赤外線 ‥‥‥‥‥‥‥‥ 45	パイオニア0号 ‥‥‥‥ 14	脈動オーロラ ‥‥‥‥‥ 35
SELENE ‥‥‥‥‥‥‥ 13	パイオニア10号 ‥‥‥‥ 19	ミューゼスの海 ‥‥‥‥ 27
SOLAR-A ‥‥‥‥‥‥ 43	バイキング ‥‥‥‥‥‥ 38	木星 ‥‥‥‥‥‥ 7,18,19,45
SOLAR-C ‥‥‥‥‥ **42**,43	ハッブル宇宙望遠鏡 ‥‥ 7	**や行**
ソーラーセイル ‥‥‥‥ 29	はやぶさ ‥‥‥‥ 11,24,25,**27**	ようこう ‥‥‥‥‥‥‥ 43
SOLAR-B ‥‥‥‥‥‥ 32	はやぶさ2 ‥‥‥‥‥ 24〜26	**ら行**
SORA-Q ‥‥‥‥‥‥‥ 13	はるか ‥‥‥‥‥‥‥‥ 10	L-4Sロケット ‥‥‥‥‥ 10
た行	ハレー彗星 ‥‥‥‥‥ 11,44	Resolve ‥‥‥‥‥‥‥ 17
ダイモス ‥‥‥‥‥‥‥ 36	ひさき ‥‥‥‥‥‥‥‥ 45	リュウグウ ‥‥‥‥ 24〜26
太陽 ‥‥‥ 6,20,21,28,32,33,42,43	ビッグバン ‥‥‥‥‥‥ 6	リレー衛星 ‥‥‥‥‥‥ 13
太陽系 ‥‥‥ 6,7,12,15,18,19,24,45	ひてん ‥‥‥‥‥‥‥‥ 14	リングカレント ‥‥‥‥ 23
太陽風 ‥‥‥‥‥‥ 42,44,45	ひので ‥‥‥‥ **32**,33,42,43	ルナ2号 ‥‥‥‥‥‥‥ 14
太陽フレア ‥‥‥‥‥ 42,43	ひのとり ‥‥‥‥‥‥‥ 43	ルナ3号 ‥‥‥‥‥‥‥ 14
タッチダウン ‥‥‥‥ 24,25,27	フェートン ‥‥‥‥‥ 40,41	ルナ9号 ‥‥‥‥‥‥‥ 14
チャンドラヤーン3号 ‥ 14,15	フォボス ‥‥‥‥‥‥ 36,37	れいめい ‥‥‥‥‥‥ **34**,35
超新星残骸 ‥‥‥‥‥ 16,17	ふたご座流星群 ‥‥‥ 40,41	LEV-2 ‥‥‥‥‥‥‥‥ 13
月探査 ‥‥‥‥‥‥ 13,**14**,15	ブラックホール ‥ 7,10,16,17,44	LEV-1 ‥‥‥‥‥‥‥‥ 13
DESTINY+ ‥‥‥‥‥ **40**,41	PLANET-C ‥‥‥‥‥‥ 30	**わ行**
電子 ‥‥‥‥‥‥‥‥‥ 23	ベピコロンボ ‥‥‥‥‥ 20	惑星 ‥‥‥‥‥‥ 6,19〜21,45
電磁波 ‥‥‥‥‥‥‥‥ 35	母天体 ‥‥‥‥‥‥‥ 40,41	
天王星 ‥‥‥‥‥‥‥‥ 7	**ま行**	
天問1号 ‥‥‥‥‥‥‥ 38	マーズ2020 ‥‥‥‥‥ 38,39	
土星 ‥‥‥‥‥‥‥‥‥ 7	マーズ・エクスプレス ‥ 38,39	
トリフネ ‥‥‥‥‥‥‥ 26	マーズ・オデッセイ ‥‥ 38	
な行	マーズ・パスファインダー ‥ 38	
NASA（アメリカ航空宇宙局）	マリナー4号 ‥‥‥‥‥ 38	
‥‥‥‥‥‥‥ 13,19,23,39	マリナー9号 ‥‥‥‥‥ 38	

🪐 **監修 中村 正人（なかむら まさと）**

1959年、長野県生まれ。理学博士。東京大学地球物理学専攻博士課程修了。マックスプランク研究所（ドイツ）研究員、文部省宇宙科学研究所助手、東京大学助教授、宇宙航空研究開発機構（JAXA）・宇宙科学研究所教授をへて、2025年現在はJAXA名誉教授。金星探査機「あかつき」の衛星主任をつとめた。

🪐 **協力**
鳥海森、三好由純、篠原育

🪐 **編集**
株式会社アルバ

🪐 **イラスト**
クリハラタカシ、したたか企画

🪐 **執筆協力**
伊原彩

🪐 **デザイン・DTP**
門司美恵子、田島望美（チャダル108）

🪐 **校正・校閲**
ペーパーハウス

🪐 **写真協力**
Adobe Stock、アフロ、ESA、宇宙航空研究開発機構（JAXA）、国立天文台、CNSA、Shutterstock、NASA

宇宙のなぞを解き明かせ！　日本の探査機と宇宙開発技術1
活躍！日本の観測衛星・探査機

2025年2月　初版発行

発行者　岩本邦宏
発行所　株式会社教育画劇
　　　　住所　〒151-0051 東京都渋谷区千駄ヶ谷5-17-15
　　　　電話　03-3341-3400（営業）
　　　　　　　03-3341-1458（編集）
　　　　https://www.kyouikugageki.co.jp
印　刷　株式会社 広済堂ネクスト
製　本　大村製本株式会社

●無断転載・複写を禁じます。法律で定められた場合を除き、出版社の権利侵害となりますのであらかじめ弊社に許諾を求めてください。
●乱丁・落丁本は弊社宛にお送りください。送料負担でお取り替えいたします。

NDC538/48P/28×21cm　ISBN978-4-7746-2344-3（全3冊セットコードISBN978-4-7746-3325-1）